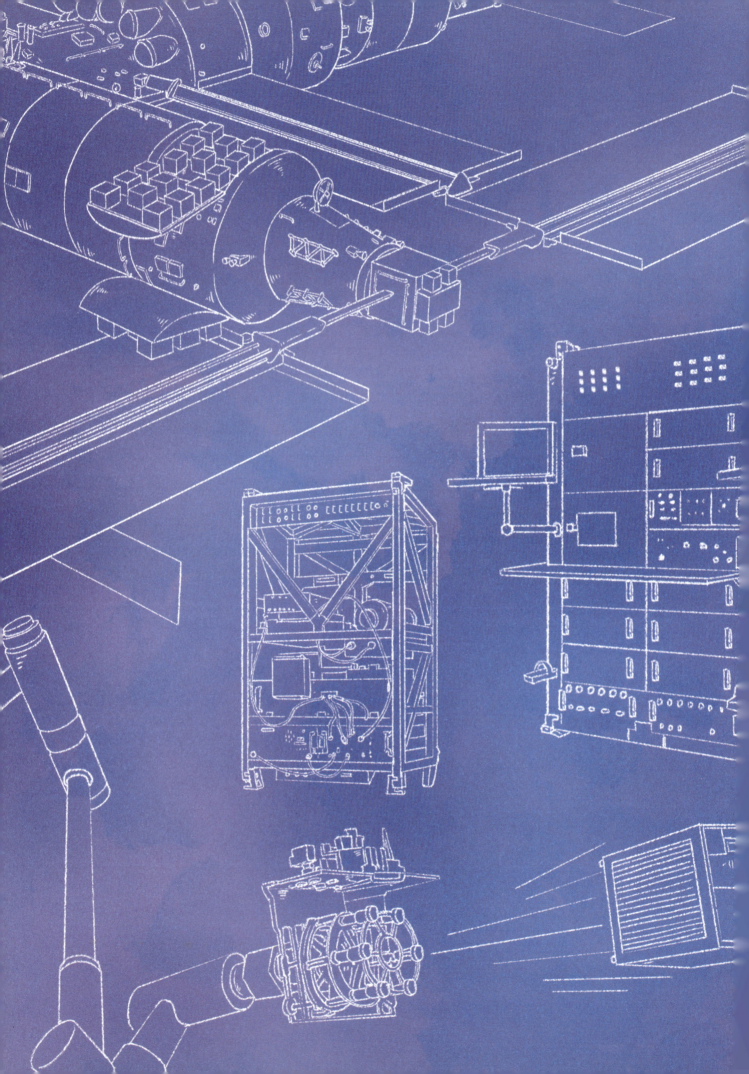

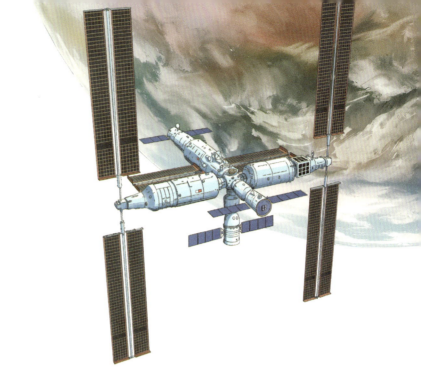

天宫开讲啦
太空实验真奇妙

庞之浩 著　廖朝阳 胡优 绘

童趣出版有限公司编　人民邮电出版社出版
北 京

图书在版编目（CIP）数据

太空实验真奇妙 / 庞之浩著；廖朝阳，胡优绘；
童趣出版有限公司编. -- 北京 : 人民邮电出版社，
2025. -- （天宫开讲啦）. -- ISBN 978-7-115-67463-0

Ⅰ. V476.1-49

中国国家版本馆 CIP 数据核字第 2025YQ5492 号

著　　　：庞之浩
绘　　　：廖朝阳　胡　优
责任编辑：刘佳娣　代冬梅
执行编辑：杨　红
责任印制：李晓敏
封面设计：韩木华
内文排版：段　芳

编　　　：童趣出版有限公司
出　　版：人民邮电出版社
地　　址：北京市丰台区成寿寺路 11 号邮电出版大厦（100164）
网　　址：www.childrenfun.com.cn

读者热线：010-81054177　　　经销电话：010-81054120

印　　刷：天津盛辉印刷有限公司
开　　本：889×1194　1/16
印　　张：2.75
字　　数：75 千字

版　　次：2025 年 8 月第 1 版　2025 年 8 月第 1 次印刷
书　　号：ISBN 978-7-115-67463-0
定　　价：49.00 元

序 言

孩子们，当你们翻开这套书时，如同握紧了一把神奇的钥匙，它将引领你们开启通往浩瀚宇宙的大门，踏上一段追溯中国载人航天工程辉煌历程的时光之旅。

自1992年中国载人航天工程正式立项以来，一代又一代的中国航天人，用30多年的辛勤耕耘，完成了"三步走"发展战略的任务，成功建造并独立运营了"天宫"空间站。这一壮举不仅标志着中国在建设航天强国、勇攀航天科技高峰的征途上又增添了一座里程碑，更是我们拥有自主创新能力的有力证明。

这套书是全国空间探测技术首席科学传播专家庞之浩先生为你们创作的航天科普绘本，包括《航天员的日常》《如何建造空间站》《太空实验真奇妙》。《航天员的日常》带你们走近英雄的中国航天员，了解他们的选拔、训练及在太空中的工作与生活；《如何建造空间站》讲述了"天宫"空间站是如何一步步在太空中建造起来的，包括空间站的各个组成部分及其功能，还揭秘了先进机械臂、大型柔性太阳翼和再生式生命保障系统等"黑科技"；《太空实验真奇妙》展示了在中国空间站进行的各种奇妙实验，比如水球实验、生物实验和舱外暴露实验等，让你们对空间科学有更深的理解。这套书的特色在于"硬知识、软着陆"，不仅内容全面系统，而且通俗易懂，把复杂、高深的航天科技知识讲得很清楚、很明白。书中的每一页文字都经过科学、严谨的考据，图画里还隐藏了很多细节，你们能在阅读中体验探索的乐趣和发现的惊喜，仿佛亲身踏上了太空之旅，感受到航天员的勇敢与智慧。

这套书的出版，不仅仅是为了普及载人航天知识，更是为了传承和弘扬载人航天精神——特别能吃苦、特别能战斗、特别能攻关、特别能奉献。通过阅读这套书，你们将见证航天员如何跨越生理和心理的重重障碍，翱翔天际；将了解一代代中国航天人如何攻克技术难关，自主创新，实现航天科技的跨越式发展；将看到中国空间站如何在浩瀚宇宙中稳固根基，逐步壮大，成为人类探索宇宙的灯塔。让我们向伟大的中国航天人致敬！

孩子们，我对你们有着满满的期待。你们是祖国的未来，也是航天事业的希望。希望你们能够树立远大的理想，勤奋学习，将载人航天精神内化于心、外化于行，为实现中华民族伟大复兴贡献力量。

张履谦

中国工程院院士

太空有取之不尽、用之不竭的宝贵资源，分为自然资源和派生资源。自然资源包括高真空、超洁净、大能量密度的太阳能和地外星球矿藏等。派生资源包括轨道资源和微重力资源等。

轨道资源

航天器问世后，科学家首先想到的就是利用太空的轨道资源，在高远位置进行通信、遥感和导航等，因为"站得高，看得远"。在太空这一"制高点"，不受大气层的影响，科学家还可以进行地面无法进行的全波段天文观测。

微重力资源

微重力资源十分宝贵，是一种在地面难以长时间模拟的特殊环境。科学家在地面上创造的微重力环境，每次只能持续几秒至30秒，而长期在太空中飞行的空间站，可以提供近乎无限时的微重力环境条件。

航天器在地球上空 300~400 千米的轨道上运行时，明明依然受到地球引力的作用，那为什么在航天器上会出现微重力现象呢？

在地球上空 300~400 千米的轨道高度上，地球引力并没有消失。在进行近 8 千米 / 秒的高速运动时，按照牛顿第一定律，航天器应该保持匀速、直线、远离地球的运动轨迹，而地球引力使航天器绕地球沿椭圆轨道运行。航天器所受的地球引力提供了航天器运行所需要的向心力，这两个力基本相等，这样在航天器上感受到的就是微重力。微重力通常是地球重力的百万分之一到千分之一。

人类梦想走出地球、步入深空，首先要了解宇宙的奥秘，然后开发太空资源为人类服务，这就需要先开展一系列空间科学实验。这和科学家在地面上的工作类似：先进行科学实验，研究清楚原理后再投入应用。

空间站是目前开发太空微重力资源的理想平台，称得上是最佳的太空实验室。在空间站做科学实验，可以不受重力的影响，有利于发现事物的本质，得出在地面上得不到的实验结果。

在微重力环境中，很多物质会产生一些奇妙的物理特性，将给我们在地面上司空见惯的科学实验带来新的惊喜。

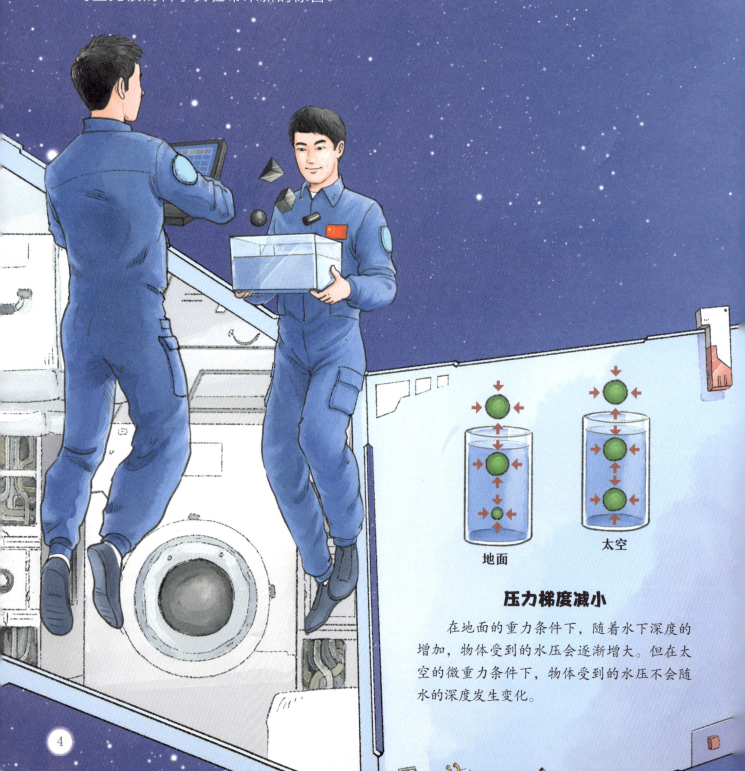

地面　　　　太空

压力梯度减小

在地面的重力条件下，随着水下深度的增加，物体受到的水压会逐渐增大。但在太空的微重力条件下，物体受到的水压不会随水的深度发生变化。

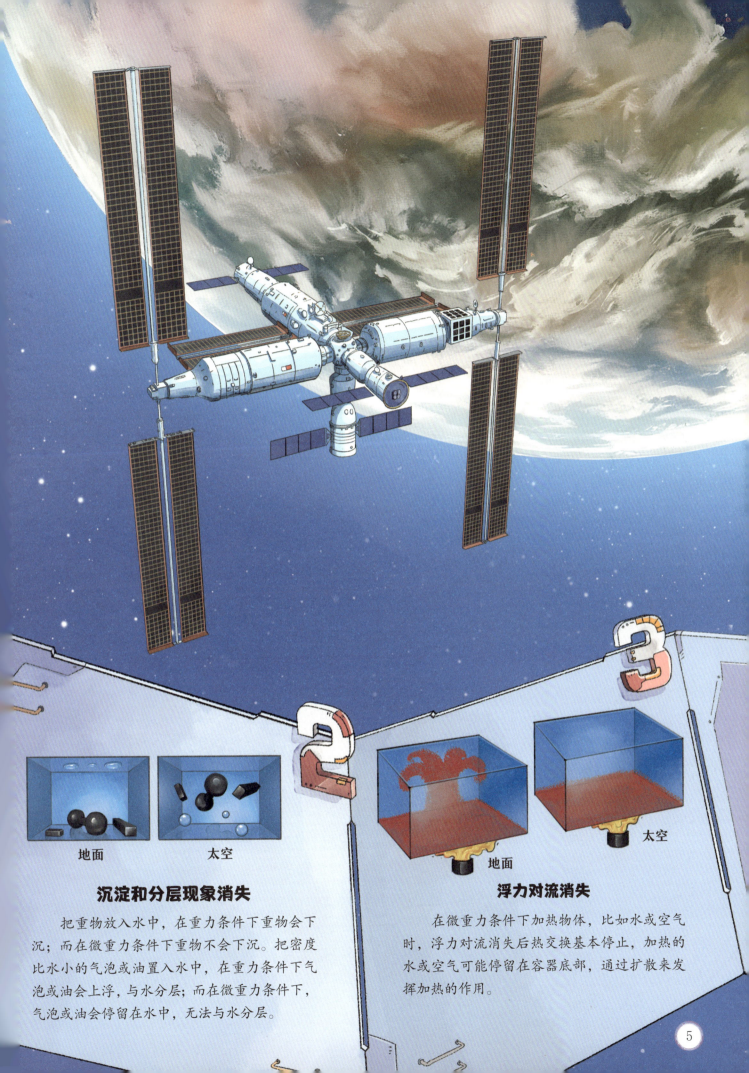

沉淀和分层现象消失

地面 太空

把重物放入水中，在重力条件下重物会下沉；而在微重力条件下重物不会下沉。把密度比水小的气泡或油置入水中，在重力条件下气泡或油会上浮，与水分层；而在微重力条件下，气泡或油会停留在水中，无法与水分层。

浮力对流消失

地面 太空

在微重力条件下加热物体，比如水或空气时，浮力对流消失后热交换基本停止，加热的水或空气可能停留在容器底部，通过扩散来发挥加热的作用。

2013 年 6 月 20 日，航天员在天宫一号开展中国第一次太空授课，面向全国青少年进行太空科学实验。刚开课，航天员就用"太空功夫"——悬空打坐来展现太空的微重力环境。

水膜魔术

航天员把一个金属圈放进饮用水袋，再慢慢抽出，金属圈上形成了漂亮的水膜！在微重力环境中，水的"表面张力"大显神威，水可以轻松形成水膜。水膜很"结实"，即使晃动也没有破裂，只是甩出了小水滴。往水膜表面贴上一张塑料片，水膜依然完好！

小球往复摆动。　1.手拉小球到一定高度。　2.松手后，小球悬浮。　3.轻轻推小球。　4.小球绕支架轴旋转。

单摆运动不再摆

在地面上，单摆受地球重力的作用，小球会被细绳牵着来回摆动。太空中，支架上的小球不会像在地面上一样摆动，而是悬浮在空中。如果轻轻推一下小球，小球就会绕支架轴旋转，而在地面上需要足够大的力量推小球才能使其旋转。

陀螺定轴转

太空中，把陀螺静止悬放在空中，用手轻推陀螺顶部，陀螺会翻滚着飞向远处。如果把陀螺先旋转起来，再给它一个推力，旋转的陀螺不会翻滚，而是会保持着固定的轴向朝前飞去。这是因为旋转的陀螺具有很好的定轴性。

水球实验

航天员往水膜上继续加水，水膜慢慢变成了一个亮晶晶的水球！此时的水球像一面凸透镜，可以映出航天员的倒影。

航天员用注射器往水球的一侧注入空气，水球内部形成一个气泡，再往另一侧注入空气，又形成一个气泡。两个气泡并没有从水球中冒出来，也没有融合在一起，而是安安稳稳地待在水球里。这是因为在微重力环境中，浮力消失了。

把气泡吸走之后，将红色液体注入水球中，水球很快从透明变成了红色。

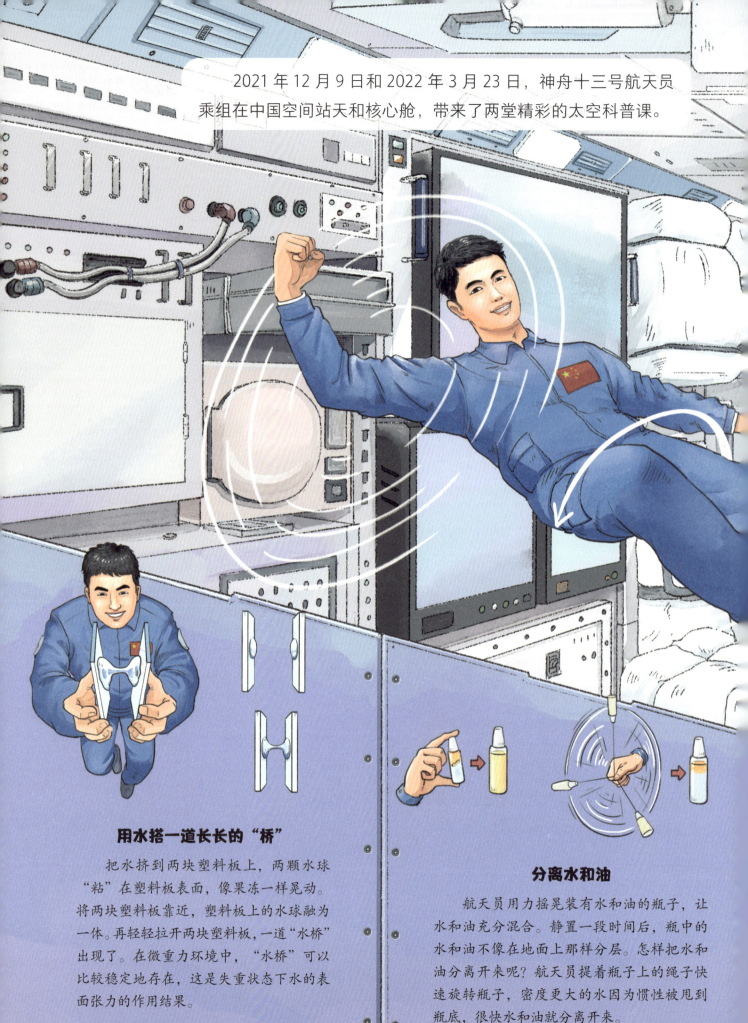

2021 年 12 月 9 日和 2022 年 3 月 23 日，神舟十三号航天员乘组在中国空间站天和核心舱，带来了两堂精彩的太空科普课。

用水搭一道长长的"桥"

把水挤到两块塑料板上，两颗水球"粘"在塑料板表面，像果冻一样晃动。将两块塑料板靠近，塑料板上的水球融为一体。再轻轻拉开两块塑料板，一道"水桥"出现了。在微重力环境中，"水桥"可以比较稳定地存在，这是失重状态下水的表面张力的作用结果。

分离水和油

航天员用力摇晃装有水和油的瓶子，让水和油充分混合。静置一段时间后，瓶中的水和油不像在地面上那样分层。怎样把水和油分离开来呢？航天员提着瓶子上的绳子快速旋转瓶子，密度更大的水因为惯性被甩到瓶底，很快水和油就分离开来。

太空转身

空间站内，人无法像在地面上一样行走，只能飘来飘去，如果想转身就更不容易了。天宫课堂上，航天员想要在不借助外力的情况下转身。他采用了游泳姿势，还使用吹气的方法，都失败了。最后，航天员举起手臂画圈，终于他开始朝某一方向缓慢转身！

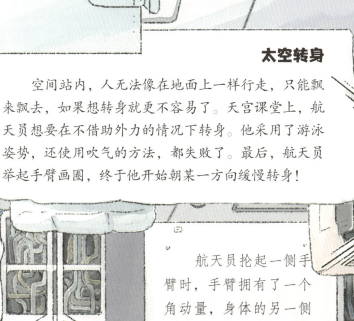

航天员抡起一侧手臂时，手臂拥有了一个角动量，身体的另一侧就产生了相反的角动量，从而实现转身。要改变整体的角动量，需要与外界接触，比如用手脚去触碰空间站舱壁，这也是为什么空间站舱壁要安装那么多把手。

浮力消失

航天员用吸管把乒乓球推到水面以下，因为空间站中没有浮力，乒乓球不会浮出水面，而是安稳地停留在水中。将敞口的杯子翻转过来，杯中的水也不会滴洒。

梦幻的太空"冰球"

航天员从装有过饱和乙酸钠溶液的水袋中，挤出一颗晶莹剔透的水球，再用沾有三水合乙酸钠晶体粉末的小棒碰触水球。几秒内，这颗水球就变成了一颗"冰球"！这是因为过饱和乙酸钠溶液处于亚稳态，很不稳定，碰到晶体就会放热结晶变成"冰球"，但其实这个球是热的。

欢乐气泡球

航天员向蓝色水球中放入泡腾片，泡腾片迅速溶解，释放出二氧化碳，形成许多小气泡。由于没有浮力，这些气泡"安逸"地待在水球里。随着气泡不断增多，水球逐渐变成一个欢乐气泡球。

2022年10月12日，神舟十四号航天员乘组在"新教室"中国空间站问天实验舱，带来了天宫课堂第三课。

毛细效应实验

航天员将3根粗细不同的塑料管同时放在有颜色的水中，最细的塑料管中液面飞速到达顶端，仿佛开启了"倍速模式"。旁边两根塑料管液面上升比较慢，但也逐渐上升到顶端。

这个实验展示了微重力环境中液体的毛细现象。在太空中，由于没有重力的束缚，液体的表面张力会驱动液面不断上升，使得毛细现象更加明显。这种现象在航天器发动机的燃料贮箱和高空热管等设备中得到了广泛应用。

会掉头的扳手

航天员拿出"T"字形的扳手，并将它放在空中旋转起来。只见扳手自己开始"翻身"了，一会儿头朝上，一会儿头朝下，时而左转，时而右转，不停地掉头。这个现象是苏联宇航员贾尼别科夫在空间站中偶然发现的，所以也叫贾尼别科夫效应。这个现象与扳手的旋转方式和它质量的分布有关系，在地面上不太容易看到，但是在太空中就是小菜一碟。

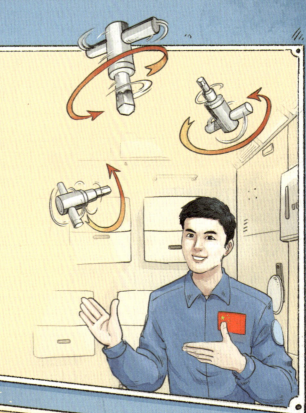

水球变"懒"实验

"如果我们的燃料来回振动，产生的冲击力容易造成危险。如何减少振动带来的冲击呢？"航天员用注射器向水球喷射空气，水球发生强烈振动。随后，往水球内抛入钢球，钢球被稳稳地包裹在水球中。航天员再次向水球喷射空气，这次水球的振动明显变缓，好像变"懒"了一样，说明钢球改变了流体的振动行为。

振动强烈

抛入钢球

振动变缓

太空趣味饮水

在地面上用吸管喝水，如果吸管比较长，水很难喝到嘴里。天宫课堂上航天员给大家展示了一种不一样的喝水方式：在微重力环境中，她用一根长达2米的吸管轻轻松松就喝到了杧果汁，真是令人大开眼界！

2023 年 9 月 21 日，天宫课堂第四课在中国空间站梦天实验舱正式开讲，神舟十六号航天员乘组进行授课。

空间站乒乓球赛

在空间站进行一场乒乓球赛，需要什么装备？答案是乒乓球拍、毛巾和水球。

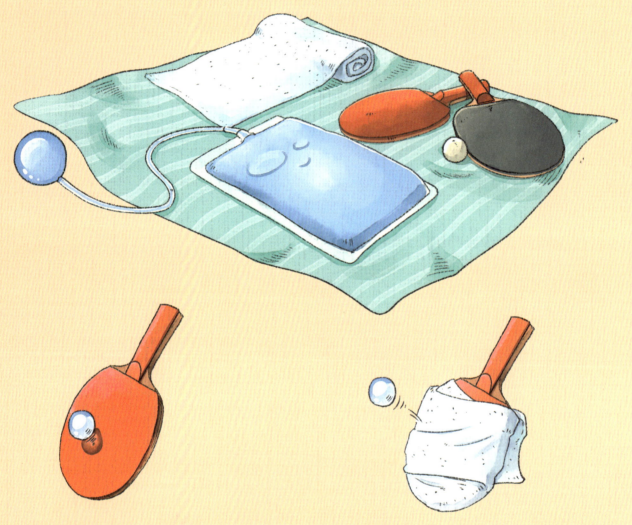

从水袋挤出一颗圆圆的水球，用乒乓球拍去拍水球，水球没有弹开，也没有被拍碎，而是"粘"在球拍上。

用毛巾包住乒乓球拍，再去拍水球，水球不仅没有被毛巾吸收，反而弹开了，航天员在空间站打起了乒乓球！

因为水的表面张力，水球会粘在乒乓球拍的拍面上。当水球碰到包了毛巾的球拍，顺利弹开，这是因为在微重力条件下，乒乓球拍包的毛巾上的微绒毛，在水球和毛巾之间形成疏水结构，类似于荷叶表面，使液体无法被吸附，呈现出"拍水不破"的效果。

又见陀螺实验

航天员拿出了一个质量达 3 千克的大陀螺。这个陀螺可以纵向旋转，两侧装有握柄。航天员飘在空中，先握住静止的陀螺，左右手交替抬高、放下，身体姿态并没有变化。当陀螺快速自转起来时，奇迹发生了：航天员手握自转的陀螺，改变陀螺方向的同时也实现了转身。

角动量是描述物体旋转状态的物理量。力矩是物体的角动量发生改变的原因。实验中，陀螺静止时角动量为零；陀螺快速自转时，它有较大的角动量。航天员手握自转的陀螺，手对它施加的力矩改变了陀螺的旋转方向，陀螺的角动量发生显著的变化。与此同时，手会受到陀螺的反作用力矩。这种反作用力矩让航天员在微重力环境中轻松实现转身。

空间站也是用同样的原理在太空中"转身"的。可以把航天员的身体想象成空间站，把双手和手中的陀螺看作空间站使用的一种特殊装置——控制力矩陀螺。这种装置能"四两拨千斤"，仅需总质量几百千克的陀螺，就能让重达近百吨的空间站在太空中自如"转身"。

控制力矩陀螺 ◀- - -

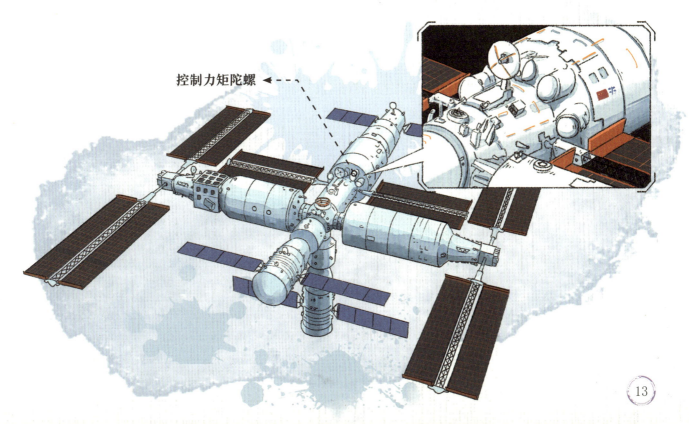

中继卫星

位于地球静止轨道的中继卫星用于转发位于中、低轨道的航天器与地面之间的实时数据。一颗中继卫星可覆盖约三分之一的地球表面，多颗中继卫星组网可实现地球表面的全覆盖，这样能大大增加地面与航天器的通信时间。

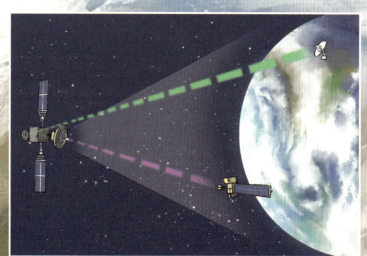

太空授课采取天地互动方式进行，"天上"的老师和"地上"的同学实时对话，信号畅通是课程顺利进行的关键。为了保证"上网课"视频高清晰、零延迟、不卡顿，"天链"中继卫星、中国空间站、地面测控站密切配合，为天地互动提供技术护航。

在距地面约 3.6 万千米的地球静止轨道上，由多颗"天链"中继卫星组成的天基测控网就像一个"太空基站"，将中国空间站和地面测控站连接起来，建起一条天地信息"高速公路"。

中国空间站舱内可布设25个实验柜，每个实验柜都是一个小型的太空实验室，方寸之间却可满足多项科学实验与应用项目的研究需求。实验柜里配置了不少先进的实验"神器"，在空间科学实验中发挥"神力"。

　　问天实验舱是中国空间站的第一个科学实验舱，舱内搭载了4个实验柜：变重力科学实验柜、生命生态实验柜、生物技术实验柜、科学手套箱与低温存储柜。未来，还可装4个实验柜。

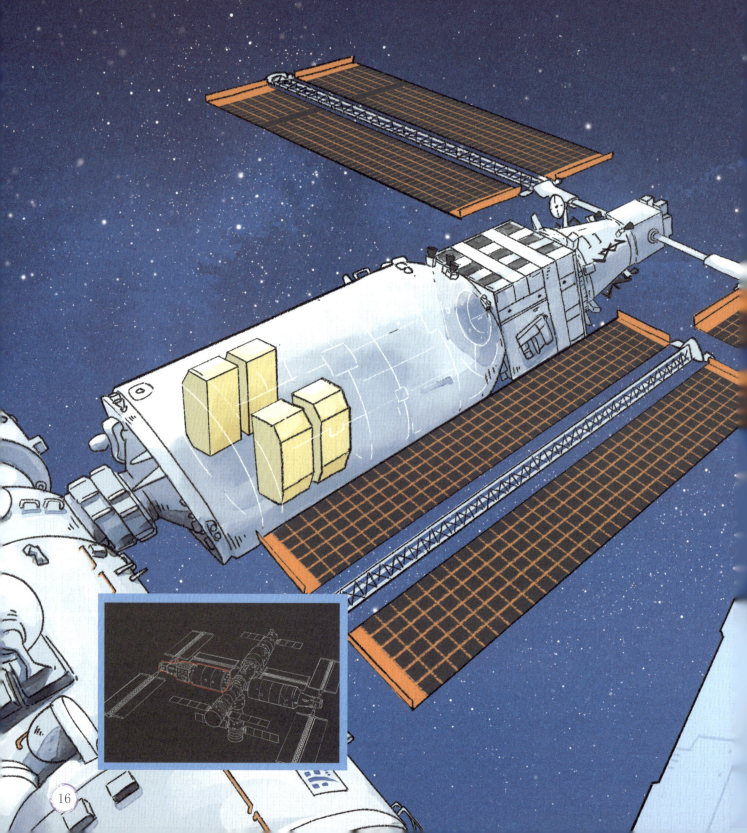

操作冷藏室：科学手套箱与低温存储柜

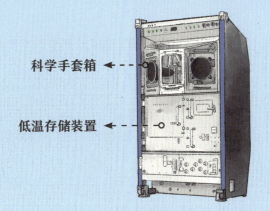

科学手套箱 ◄- - -

低温存储装置 ◄- - -

科学手套箱提供洁净、密闭的空间，能控制温度、湿度，配置灵巧的机械臂，具备细胞级精细操作能力。

低温存储装置具有3个典型的低温存储温区（−80℃、−20℃、4℃），能够满足不同实验样品的低温存储需求。

太空旅馆：生命生态实验柜

以多种类型的生物个体（如植物种子、幼苗、植株、小型动物）作为实验对象，进行动植物的空间生长实验，研究微重力对生物生长、发育、代谢的影响。生命生态实验柜可以实时控制温度、湿度、光照、液体及气体组分，是动植物舒适的"太空旅馆"。

通用生物培养模块 - - -►

小型离心机实验模块 ◄- - -

小型受控生命生态实验模块 ◄- - -

- - -► 微生物检测模块

- - -► 小型通用生物培养模块

 种子　　 拟南芥　　水稻　　果蝇　　 斑马鱼

重力模拟：变重力科学实验柜

支持与重力相关的科学实验，能够在轨变重力，提供0.01g至2g高精度模拟重力环境。在微重力、模拟月球重力、模拟火星重力等不同重力环境下，进行复杂流体物理、颗粒物质运动等科学研究。

离心机提供变重力，每个转盘上可以安装8个实验模块。

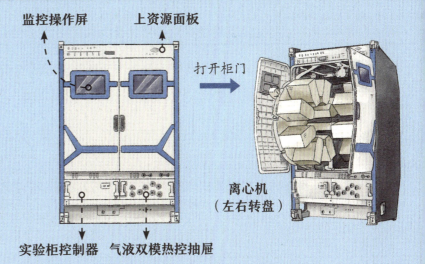

监控操作屏　　上资源面板

打开柜门

离心机（左右转盘）

实验柜控制器　气液双模热控抽屉

生物宝箱：生物技术实验柜

可以研究细胞、组织、生化分子等多层次的生物样品，还可以研究分子生物制造技术，进行蛋白质结晶分析，是太空中的"生物宝箱"。

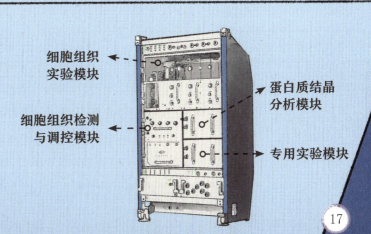

细胞组织实验模块 ◄- - -

细胞组织检测与调控模块 ◄- - -

- - -► 蛋白质结晶分析模块

- - -► 专用实验模块

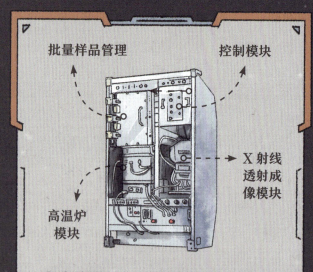

批量样品管理　　　控制模块

X 射线透射成像模块

高温炉模块

太空炼丹炉：高温材料科学实验柜

它的最高加热温度可达 1600 摄氏度，并能长时间保持稳定，便于进行各种新型材料的研究和制备。

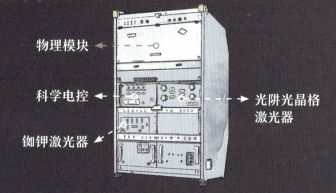

物理模块

科学电控

铷钾激光器

光阱光晶格激光器

最冷的实验柜：超冷原子物理实验柜

它可以制备出地面上难以实现的、温度接近绝对零度的超低温物质。这种物质的原子会呈现特殊的状态，可以帮助我们更好地探索量子力学的奇异世界。

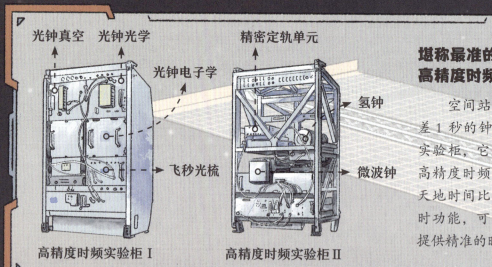

光钟真空　光钟光学

光钟电子学

飞秒光梳

高精度时频实验柜 I

精密定轨单元

氢钟

微波钟

高精度时频实验柜 II

堪称最准的钟：高精度时频实验柜

空间站有 1 台数亿年误差 1 秒的钟——高精度时频实验柜，它是世界上在轨最高精度时频系统，能够实现天地时间比对，还有天基授时功能，可为未来太空旅行提供精准的时间基准。

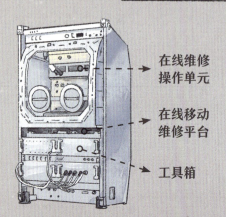

在线维修操作单元

在线移动维修平台

工具箱

空间站的维修工厂：在线维修装调操作柜

简称"在线柜"，是空间站中非常特殊的一个柜子，可以把它看作一个太空维修工厂、一个装配车间，也可以看作一个实验室。它的作用主要是支持精细机械操作、结构和电子学装配、机构润滑等操作及试验验证，并支持开展空间机器人和遥科学技术试验。

梦天实验舱的工作舱可配置 13 个实验柜。梦天实验舱发射时搭载了 9 个实验柜：超冷原子物理实验柜、两个高精度时频实验柜、高温材料科学实验柜、流体物理实验柜、两相系统实验柜、燃烧科学实验柜、在线维修装调操作柜、航天基础试验机柜。

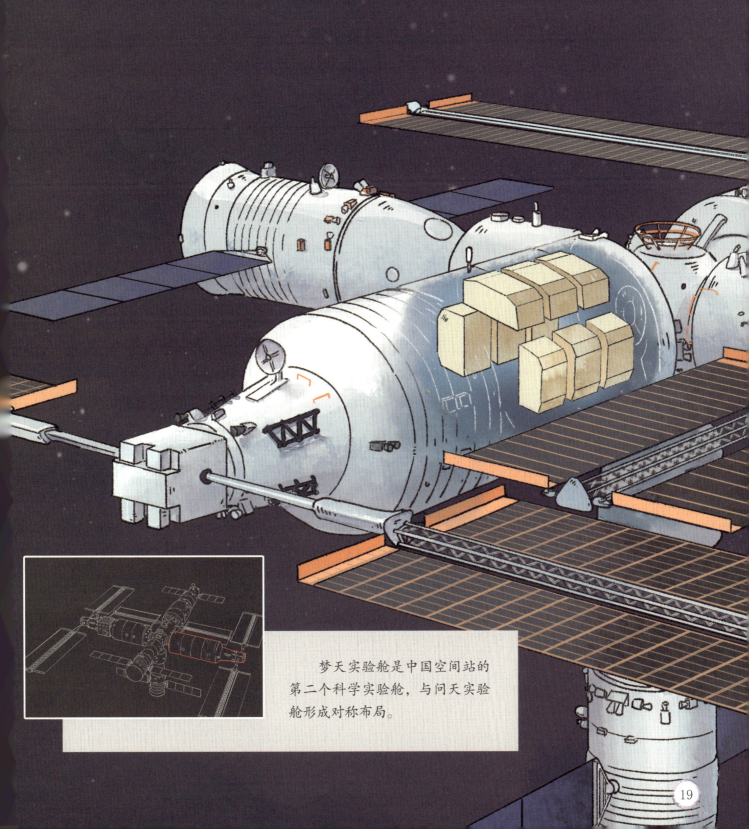

梦天实验舱是中国空间站的第二个科学实验舱，与问天实验舱形成对称布局。

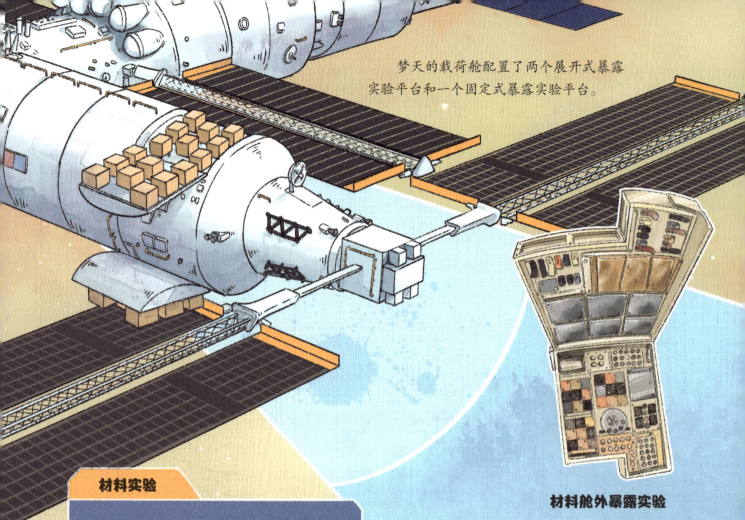

梦天的载荷舱配置了两个展开式暴露实验平台和一个固定式暴露实验平台。

材料实验

微流星体、原子氧和各种宇宙射线对金属、塑料等材料有着异常强劲的腐蚀变质作用，再加上舱外极端温度变化，会导致材料发生复杂的物理与化学变化。为此，科学家通过"将一批材料放置在舱外暴露实验平台上—充分经受太空特殊环境考验—取回检测"的方式，研究材料的最终状态。

材料舱外暴露实验

首批材料舱外暴露实验装置于2023年3月8日出舱。装置共安装了400余个材料样品，其中非金属材料包括记忆聚合物材料、月壤加固材料、固体润滑及凝胶润滑材料，金属材料包括镁合金、多孔铜材料等。

在中国空间站进行的各类科学实验中，不是所有实验都在舱内进行，还有一部分实验是在舱外完成的。

空间站所处的近地轨道上，存在着各种各样的复杂物质：从直径最小仅有数微米的微流星体，到大气层边缘产生的原子氧，再到难以估量的宇宙射线。这些物质让舱外环境险象环生。舱外是高真空环境，还有温度的剧变，这种极端环境是在地面上无法模拟的实验条件。

生物暴露实验

中国空间站进行的生物暴露实验并不是直接将生物样品暴露于舱外，而是先将生物样品放入一些小盒子中。这些小盒子叫辐射控制实验盒，能够精确调节温度和气压，保持适宜生物生存的恒温恒压，同时使生物样品暴露于宇宙辐射之中。

辐射控制实验盒

线虫

在轨观测线虫

中国空间站在世界上首次实现了在轨观测不同线虫个体的全生命周期。线虫最大能长到1毫米，是空间生命科学研究中的一种模式生物。此外，模式生物还有斑马鱼和果蝇，它们不仅生命周期短、繁殖速度快，而且基因组与人类的相似度高，是重要的研究对象。

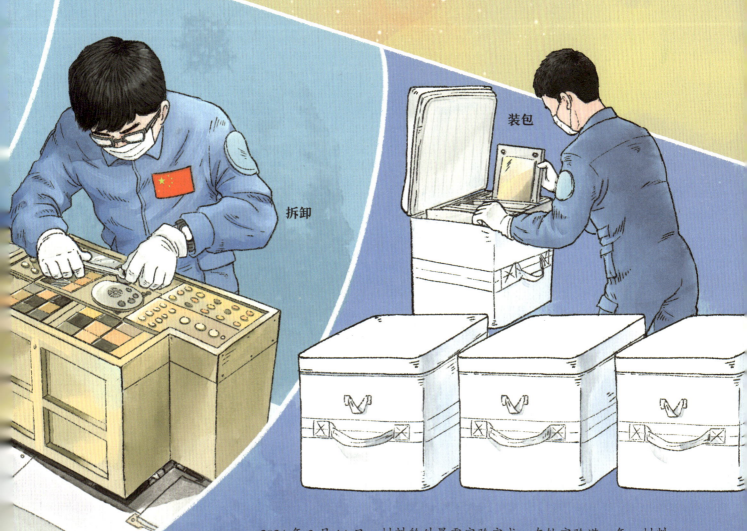

拆卸

装包

2024年3月14日，材料舱外暴露实验完成，在轨实验满一年。材料舱外暴露实验装置由空间站机械臂成功转移至空间站舱内。航天员将装置上安装的材料样品进行拆卸、装包。后续实验样品随神舟飞船返回地面，移交给科学家开展地面研究工作。

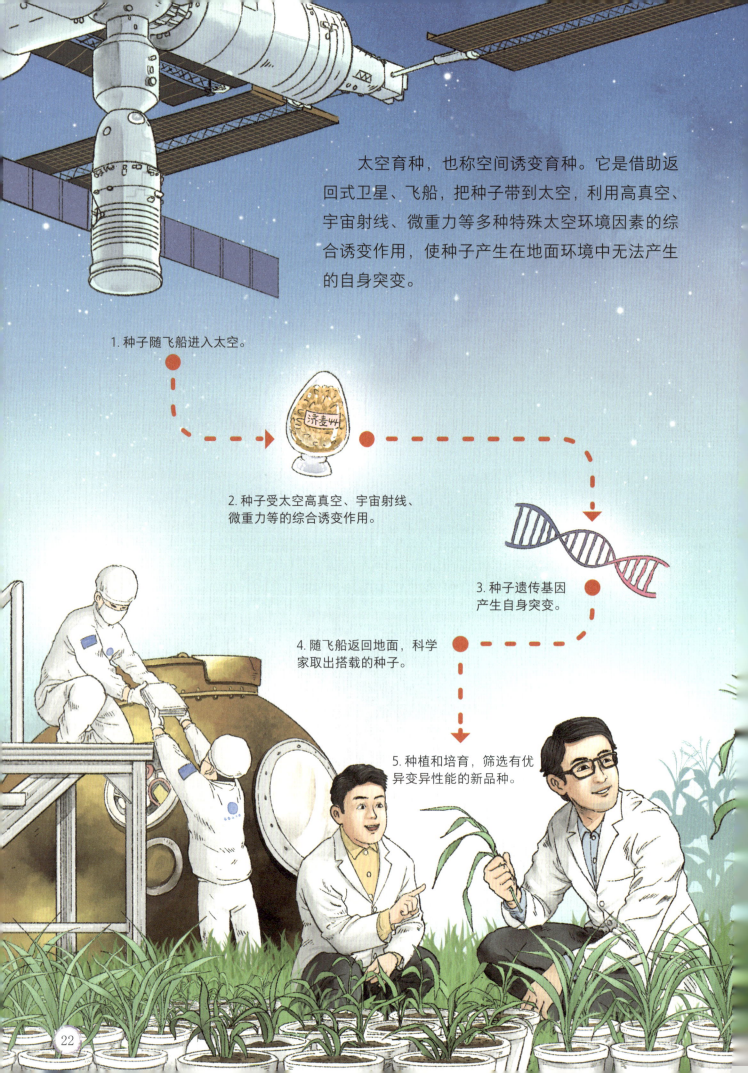

太空育种，也称空间诱变育种。它是借助返回式卫星、飞船，把种子带到太空，利用高真空、宇宙射线、微重力等多种特殊太空环境因素的综合诱变作用，使种子产生在地面环境中无法产生的自身突变。

1. 种子随飞船进入太空。

2. 种子受太空高真空、宇宙射线、微重力等的综合诱变作用。

3. 种子遗传基因产生自身突变。

4. 随飞船返回地面，科学家取出搭载的种子。

5. 种植和培育，筛选有优异变异性能的新品种。

模式植物生长过程

拟南芥　植物分类：双子叶植物，十字花科；
同科植物：油菜、西兰花、卷心菜等；
长日照植物：在植物生长发育过程中，每天的日光照射时间超过一定限度才能开花。

 ▷  ▷  ▷

水稻　植物分类：单子叶植物，禾本科；
同科植物：小麦、玉米、高粱等；
短日照植物：在植物生长发育过程中，每天的日光照射时间短于一定限度才能开花。

 ▷ 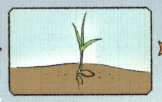 ▷  ▷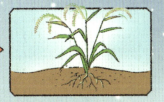

已完成太空育种的植物

粮食

小麦、大豆、玉米、水稻、绿豆、豌豆、
高粱等。

蔬菜

番茄、辣椒、黄瓜、甜菜、茄子、
萝卜等。

花卉

万寿菊、鸡冠花、三色堇、荷花、百合、
麦秆菊、蜀葵、矮牵牛等。

其他

甘草、龙葵、黄芪等中药材，油松、
白皮松等树木。

未来会有更多种子"搭船进站"，
在太空迎接"蜕变"。

航天员在太空种植蔬菜所使用的"太空菜园"装置，是科学家设计的空间植物栽培装置，它采用模块化、开放式的结构，可以更好地开展在轨植物栽培实验。植物生长发育所需要的光照、水分和营养在这里面可以得到科学自动化配置。

照明组件

设计合适比例的红、蓝、白三色光，把频率和光照度调整到最适宜植物生长的光照条件。

控制组件

控制组件主要由照明灯板、风机、散热风扇和微型自吸式循环泵组成。通过控制组件，栽培装置就能根据不同植物不同生长阶段的特点，实现"私人订制"。

保护罩

可以下拉罩住植物。

栽培杯组件

为植物提供合适的根系生长空间。它的初始状态是干瘪的，经航天员在舱内为它补充水分后，变成适合植物生长的状态。

除了种菜以外，航天员还能在空间站养鱼。有4条斑马鱼在问天实验舱的"太空旅馆"——生命生态实验柜中生活了43天，并且繁殖产卵。这是我国在太空培养脊椎动物的第一次突破。

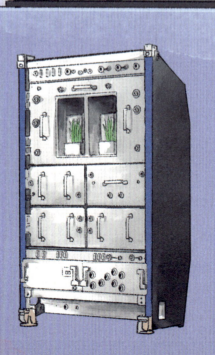

斑马鱼是一种非常漂亮的观赏鱼，长3~4厘米，从头到尾有多条深蓝色的纹路，如同斑马一样。雄性斑马鱼体形纤细，雌性斑马鱼腹部略突出。

一般概念里，要种菜必须有土壤，但是在空间站里，航天员利用人工栽培基质种菜，栽培基质就相当于土壤。栽培基质可以满足植物根系的生长需求。

"太空菜园"大丰收

摘菜

收菜

品尝

通过空间植物栽培装置，航天员在中国空间站里实现了轮番、多批次种植，为未来大规模太空种植奠定了基础。

太空鱼缸

斑马鱼和金鱼藻在密闭容器里面，构成一个二元生态系统。太空鱼缸可以自动喂食、控制温度、控制光度等。航天员观察到在微重力条件下，太空鱼缸中的斑马鱼出现腹背颠倒游泳、旋转运动、转圈等和在地面上不一样的行为。

为什么上太空的是斑马鱼？

斑马鱼是脊椎动物，生命力旺盛、繁殖能力强，也是模式生物。斑马鱼基因组与人类基因组有约70%的相似性。斑马鱼也是迄今为止中国空间站除了航天员以外迎来的首种脊椎动物。

4 名来自香港的中学生组成团队，提出太空养蚕的实验方案。这项实验方案被选中与神舟十一号一同升空，由航天员带到天宫二号空间实验室进行实验。蚕宝宝迎来成为"太空明星"的机会。

千里挑一

想当上太空蚕宝宝，必须经过严格选拔。科学家选择了"秋丰白玉"这种十分优质的改良品种。筛选标准是颜色更白、身体更大。训练内容是将蚕宝宝上下翻转之后，观察它们的反应速度是否敏捷。最终，6 只蚕宝宝从 4000 位"海选选手"中脱颖而出。

特制"航天服"

科学家为圆鼓鼓、软绵绵的蚕宝宝穿上了特制的"航天服"。蚕宝宝的"航天服"由航天用的聚氨酯海绵制成，可以有效地减轻蚕宝宝上天的时候经受的震动和冲击。

"胶囊太空屋"

每一只蚕宝宝都有自己的"胶囊太空屋"。"胶囊太空屋"两侧的铝合金端盖填满了味道和营养价值都可以媲美桑叶的饲料。"胶囊太空屋"预留了足够的透气孔和清洁孔，保证空气流通，同时方便航天员清理蚕沙。

"胶囊太空屋"放在有防震功能的软包里，安置在神舟十一号航天员乘组的座位旁，蚕宝宝和航天员一起进入太空。

遛蚕

成功进入天宫二号空间实验室后，航天员取出填充物，帮蚕宝宝脱下"航天服"，这样蚕宝宝就有充分的空间在"胶囊太空屋"里摇头摆尾，开启太空生活。航天员负责给蚕宝宝投喂、遛蚕和铲屎。

吐丝结茧

在航天员的精心呵护下，蚕宝宝吐丝结茧了！蚕宝宝结茧的速度很快，原本在地面上结茧需要8天，在太空中只需要4天就可以结茧。

地面蚕结茧

回到地面羽化为蛾产卵

航天员将太空蚕送回地面，中国农业大学和清华大学的科学家接替航天员，照顾太空蚕。在实验室中，太空蚕顺利破茧，羽化为蛾，并且成功产卵。

科学家对太空蚕与地面对照组的蚕进行了对比研究。太空蚕的蚕茧形貌变化不大，相对来说短胖一些。太空蚕的蚕丝在强度、韧性等性能指标上均优于地面对照组蚕的蚕丝。

太空蚕茧　　模拟太空环境蚕茧　　地面蚕茧

在载人航天活动中，航天员常把自己作为研究对象，开展航天医学实验，其目的是要保证航天员在太空的健康，提高工作效率，为后续载人航天任务防护措施的制定和改善人类长期太空生活的质量提供理论依据。

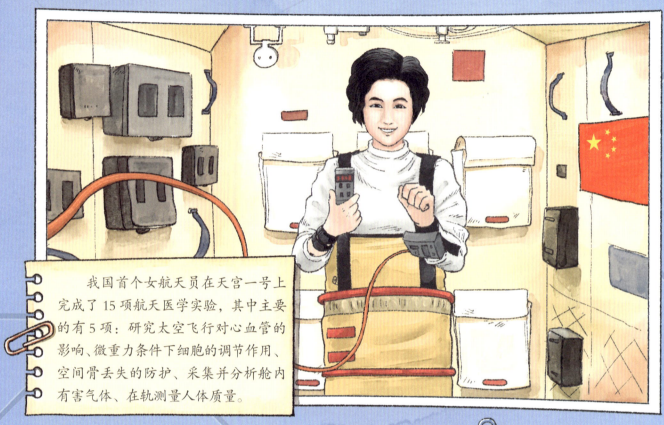

我国首个女航天员在天宫一号上完成了 15 项航天医学实验，其中主要的有 5 项：研究太空飞行对心血管的影响、微重力条件下细胞的调节作用、空间骨丢失的防护、采集并分析舱内有害气体、在轨测量人体质量。

神舟十七号航天员乘组开展了下肢运动学测试实验、视功能研究等多项航天医学实验。

中国空间站还配备了人系统研究机柜和医学样本分析机柜来支持航天医学方向的实验研究。两个实验柜搭载在中国空间站天和核心舱上。

>> 人系统研究机柜

人系统研究机柜具备进行生理学检测和行为学检测的能力。

功能：

1. 检测人体的心血管、肌肉、骨骼、神经系统等的生理功能；
2. 研究人体的运动、认知能力、生物节律、视功能等；
3. 保障细胞、组织等医学样本正常生长、增殖、分化；
4. 研究营养代谢。

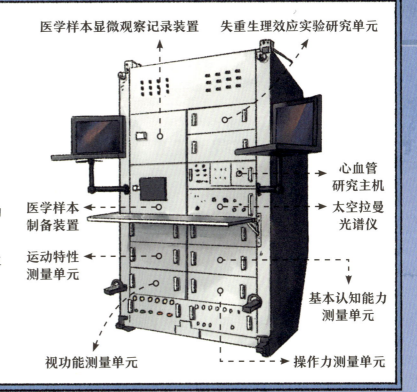

医学样本显微观察记录装置　　失重生理效应实验研究单元

心血管研究主机

太空拉曼光谱仪

医学样本制备装置

运动特性测量单元

基本认知能力测量单元

视功能测量单元

操作力测量单元

医学样本分析与高微重力科学实验柜 <<

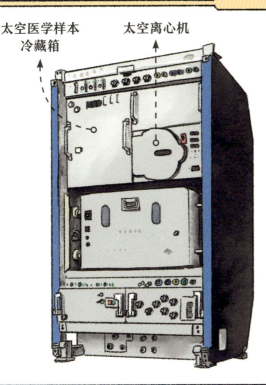

太空医学样本冷藏箱　　太空离心机

医学样本分析机柜和高微重力科学实验柜放置在一起。医学样本分析机柜包括太空离心机和太空医学样本冷藏箱。

功能：

1. 体液样品的离心分离；
2. 4 摄氏度低温冷藏。

载人航天器的一项重要应用是进行载人航天新技术试验。中国空间站在载人航天新技术试验方向，是以提升航天器总体设计能力、验证新技术及瓶颈技术为目标，重点开展航天器在轨试验，为未来载人登月、深空探测和其他航天任务进行技术储备。

中国空间站安排了航天基础试验机柜，来支持载人航天新技术在轨试验验证。

>> 太空实验室的"百宝柜"

航天基础试验机柜就像是一个多功能的"百宝柜"。它由多个大小不一的"太空抽屉"（载荷单元）组成，每个"太空抽屉"还配有把手，里面的试验项目各不相同。航天基础试验机柜不仅可以提供不同的试验空间，还可以实时监测温度、供电、数据传输等状态，从而保证每个试验项目顺利进行。

>> 在轨"放卫星"

梦天实验舱上配置有微小飞行器在轨释放机构，能够满足微卫星或者多个规格立方星的在轨释放需求。

有了这项新技术，中国空间站可为微卫星、立方星的释放提供最前沿的出发地，实现微卫星和立方星低成本进入太空。

航天员在舱内把卫星填装到释放机构的"肚子"内，由载荷转移机构将卫星运送至舱外。出舱后，机械臂抓取释放机构，运动到指定的位置，释放机构像弹弓一样，把卫星弹射出去，实现在轨"放卫星"。

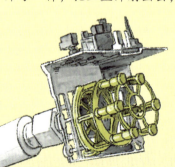

空间站机械臂转位货运飞船试验

2022年1月6日，空间站机械臂转位货运飞船试验取得圆满成功。机械臂成功捕获天舟二号货运飞船后，转位试验开始，天舟二号货运飞船与天和核心舱解锁分离，在机械臂拖动下，以核心舱节点舱为圆心进行平面转位；然后，反向操作，直至货运飞船与核心舱重新对接并完成锁紧。这是我国首次利用空间站机械臂操作大型在轨飞行器进行转位试验。

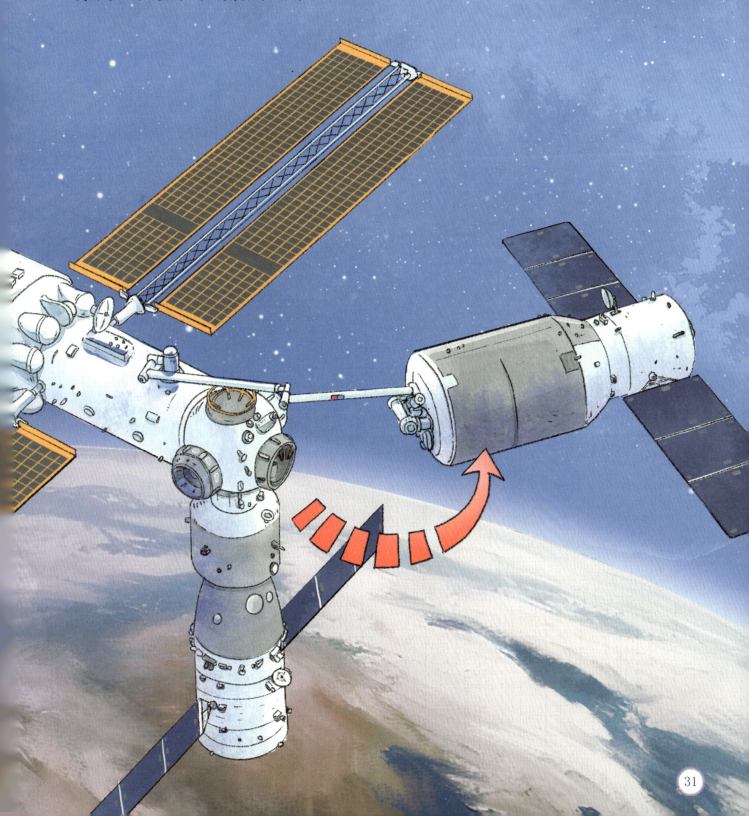

由于在微重力环境中物质的物理特性会发生改变，因此空间站适合进行太空材料加工研究，寻求消除地面制备材料中缺陷的方法，提高地面制备材料的质量。

半导体晶体

在太空生产的半导体晶体与在地面生产的相比，缺陷更小、个体更大、纯度更高、晶体结构更加均匀，有望获得电子技术的重大突破。

特种合金

在空间站内，混合物可以均匀地混合，因此能制成地面上不容易得到的特种合金。

泡沫金属

在液态金属中通入气体，微重力环境中气体产生的气泡不上浮，也不下沉，均匀地分布在液态金属中。液态金属凝固后就成为泡沫金属。这样能制成轻得像软木塞似的泡沫钢，用它做机翼又轻又结实。

悬浮冶炼

在空间站可以进行无容器的悬浮冶炼，消除容器对材料的污染，防止容器本身由于高温而影响金属冶炼的纯度，获得纯度极高的产品。

绝对球形滚珠

微重力环境可使熔化的金属液滴形状呈绝对球形，冷却后可以成为理想的滚珠，非常耐磨损。

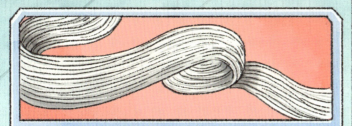

超长玻璃纤维

在地面上不能制成很长的玻璃纤维，这是因为液态的玻璃丝没等到凝固，就会由于重力的作用被拉成小段，但在太空能制造出几百米长的玻璃纤维。

分离纯化

太空电泳实验表明，在太空的分离效率比在地面高很多倍。科学家进行空间分离纯化实验，研究如何利用太空微重力环境，分离和提纯生物大分子、细胞等，为空间生物样品分离纯化和空间制药奠定了基础。

高品质蛋白质晶体

在微重力环境中，由于没有沉淀和对流的影响，所以能够生产出足够大的高品质蛋白质晶体，让科学家深入研究蛋白质结构和功能，从而研制出新药来治疗人、动物和植物的各种疾病。

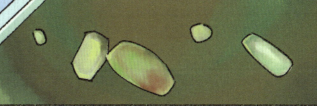

神舟八号飞船上生长的人脱氢异雄酮磺转移酶蛋白晶体

地面胰岛素结晶和太空胰岛素结晶对比

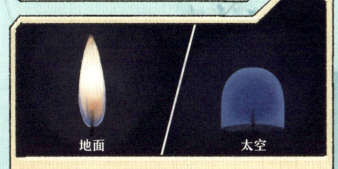

地面　　　太空

燃烧效率

在微重力环境中，燃料不受重力的影响，均匀混合，燃烧更平稳。这样可以发现真实的燃烧现象，有助于提高燃烧效率，减少污染，还能帮助应对全球变暖和火灾等问题。比如，石油的燃烧效率提高1%，全球每年就能省下很多石油。

电子材料单晶体

这是一张电子材料单晶体的横截面放大图（实际不到1毫米）。晶体的下面部分是在重力环境中结晶的，晶体内的添加物混合得不均匀；上面部分则是在微重力环境中结晶的，添加物混合得均匀。晶体上的线条是为了显示晶体生长速度所做的标记，可以看出在微重力环境中晶体生长速度快。

中国空间站科学实验大事记

2012

6月18日

神舟九号航天员乘组进入天宫一号，这是中国人第一次入驻"天宫"。神舟九号航天员乘组在轨驻留了13天，开展了相关空间科学实验和技术试验。

2013

6月13日

神舟十号载人飞船与天宫一号实现自动交会对接，航天员进入天宫一号工作和生活。

6月20日

3名航天员成功开展我国首次太空授课任务。

2016

10月19日

神舟十一号航天员乘组进入天宫二号，开启为期一个月的太空生活。这期间航天员开展了失重生理效应研究，以及由香港中学生设计的太空养蚕实验项目等一系列科学实验和技术试验；成功释放伴随卫星；伽马暴偏振探测、空间冷原子钟、新型材料制备等应用项目也取得了丰富的数据和成果。

2021

6月17日

神舟十二号航天员乘组领命出征，入驻天和核心舱。在轨3个月时间里，他们首次身着中国自主研制的新一代"飞天"舱外航天服亮相苍穹，首次与机械臂共同完成出舱活动及舱外操作。

10月16日

神舟十三号载人飞船发射成功。航天员在空间站驻留6个月，开展了各项空间科学实验及技术试验，在天和核心舱进行了两次太空授课。

2022

6 月 5 日

神舟十四号载人飞船发射成功。航天员开启了为期 6 个月的太空生活。除了进行出舱活动，他们还开展了各项空间科学实验及技术试验。

10 月 12 日

神舟十四号航天员乘组在问天实验舱，给全国青少年进行太空授课。

11 月 29 日

神舟十五号载人飞船发射成功。空间站首次建成了由天和核心舱、问天实验舱、梦天实验舱以及两艘载人飞船和一艘货运飞船组成的"三舱三船"组合体。这是空间站目前的最大构型，总质量近百吨。航天员乘组全面启用三舱科学实验柜，开展了 40 余项空间科学实验和技术试验。

2023

5 月 30 日

神舟十六号载人飞船发射升空。此次任务是我国载人航天工程进入空间站应用与发展阶段的首次载人飞行任务。航天员乘组和地面科学家密切配合，开展了多项空间科学实验和技术试验，迈出了载人航天工程从建设向应用、从投入向产出转变的重要一步。

9 月 21 日

神舟十六号航天员乘组在梦天实验舱，给全国青少年进行太空授课。

10 月 26 日

神舟十七号载人飞船发射成功。3 名航天员在轨生活 187 天，进行了两次出舱活动，进行了空间站舱外试验性维修，并开展了一系列航天医学实验。

2024

4 月 25 日

神舟十八号航天员乘组在轨驻留 192 天，进行了两次出舱活动；航天员乘组和地面科学家密切配合，开展了 90 余项科学实验和技术试验。

10 月 30 日

神舟十九号航天员乘组进驻空间站，在空间站工作生活期间，开展多项领域实(试)验与应用，完成空间站碎片防护装置安装、舱外载荷和舱外平台设备安装与回收等各项任务。

从天宫一号目标飞行器，到天宫二号空间实验室，到天和核心舱、问天实验舱、梦天实验舱，再到建成的中国空间站。航天员们勇毅前行，筑梦天宫。
致敬中国载人航天！

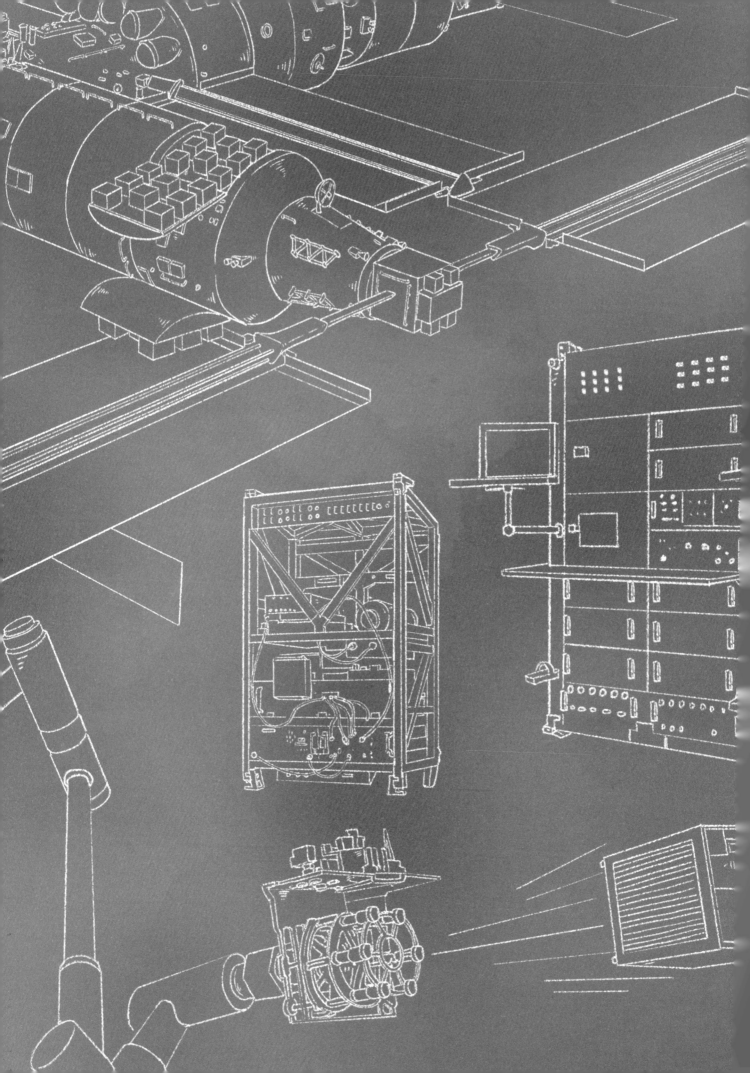